www.ingramcontent.com/pod-product-compliance
Lightning Source LLC
Chambersburg PA
CBHW081604220526
45468CB00010B/2763
* 9 7 8 1 7 9 6 3 5 9 9 6 1 *